**Bibliografische Information der Deutschen Nationalbibliothek:**

Die Deutsche Bibliothek verzeichnet diese Publikation in der Deutschen National-
bibliografie; detaillierte bibliografische Daten sind im Internet über http://dnb.d-
nb.de/ abrufbar.



**Impressum:**

Copyright © 2015 GRIN Verlag, Open Publishing GmbH
Druck und Bindung: Books on Demand GmbH, Norderstedt Germany
ISBN: 9783668396449

Lisa Marie Ahrens

# Präimplantationsdiagnostik in Deutschland. Abzulehnende Technisierung der Fortpflanzung oder begrüßenswerter Fortschritt?

GRIN Verlag

# Präimplantationsdiagnostik in Deutschland

Abzulehnende Technisierung der Fortpflanzung oder
begrüßenswerter Fortschritt?

Eine Facharbeit von:

Lisa Marie Ahrens

am Herbartgymnasium in Oldenburg,

Oldenburg, den 05.03.2015

# Präimplantationsdiagnostik in Deutschland

# Abzulehnende Technisierung der Fortpflanzung oder begrüßenswerter Fortschritt?

## Gliederung:

# 1 Einleitung

Wenn ein Paar einen Kinderwunsch hat und durch die vorliegende Gefahr von erblich bedingten Krankheiten oder aus anderen Gründen den Drang nach mehr Sicherheit für das noch ungezeugte Kind verspürt, kann es vorbeugend verschiedene ärztliche Behandlungen in Anspruch nehmen. In der heutigen Zeit ist die Humangenetik, die Lehre der Vererbung des Menschen[1], so weit fortgeschritten, dass durch pränatale Untersuchungen das Risiko auf Fehlgeburten sowie einige schwerwiegende Erbkrankheiten vermindert werden kann. Ein Beispiel für die pränatale Untersuchung, die vorgeburtliche Untersuchungen, ist die Amniozentese, die Fruchtwasseruntersuchung.

Eine Kategorie der pränatalen Diagnostik (PND) ist die Präimplantationsdiagnostik. Diese unterscheidet sich vor allem dadurch von anderen vorgeburtlichen Untersuchungen, dass sie exkorporal, das bedeutet außerhalb des menschlichen Körpers, angewandt wird. Die Voraussetzung für eine solche Untersuchung ist, dass ihr eine In-vitro-Fertilisation (IVF), die künstliche Befruchtung, vorausgeht, damit ausschließlich erkennbar gesunde Embryonen in den Mutterleib eingesetzt werden können.

Diese Facharbeit beschäftigt sich mit der Frage, ob die Präimplantationsdiagnostik in der Bundesrepublik Deutschland ein begrüßenswerter Fortschritt zur Verringerung der hohen Embryonen-, Säuglings- und Kindersterblichkeit, oder eher eine abzulehnende Technisierung der menschlichen Fortpflanzung und somit eine weitere Form der Selektion ist, über die der Mensch sich zu entscheiden nicht anmaßen darf. Dazu werden die bekannten Fakten, bestehenden Möglichkeiten sowie der rechtliche Hintergrund dargelegt und die Größe der Gefahren als auch der Vorzüge der Präimplantationsdiagnostik miteinander abgewogen.

## 2 Das Verfahren

### 2.1 Definition

Die Präimplantationsdiagnostik (PID oder eng.: preimplantation genetic diagnosis = PGD) ist eine Form der pränatalen Diagnostik. Bei dieser werden durch IVF gezeugte Embryonen mit Hilfe von Medizinern wenige Zellen entnommen, welche auf monogenetische Erkrankungen im Erbgut und Anomalien der Chromosomen untersucht

---

[1] Vgl.: Propping, in: Korff/Beck/Mikat, „Bioethiklexikon", S. 246

werden.[2] So können Genschäden, bspw. Chorea Huntington, das Down-Syndrom (Trisomie 21), die Blutkrankheiten Sichelzellenanämie, Hämophilie A und B sowie viele weitere Erkrankungen, die das Leben eines Menschen nachhaltig negativ beeinflussen, frühzeitig erkannt werden.[3] Nicht überlebensfähige oder erkennbar an ihrem Erbmatherial schwerwiegend „erkrankte" Embryonen werden vernichtet.[4] Somit kann ein möglicher Schwangerschaftsabbruch auf Grund einer Erkrankung des Embryos vorgebeugt werden.

Es besteht ebenfalls die Möglichkeit mit Hilfe der PGD das Geschlecht des Embryos sowie bestimmte erbliche Eigenschaften auszuwählen, wodurch so genannte „Retterbabys", beispielsweise Geschwisterkinder, die als Stammzellenspender in Frage kommen, erzeugt werden könnten.[5] Aus diesen Gründen ist die PGD in allen Ländern individuell rechtlich geregelt.

**2.2 Verlauf des Verfahrens**

Um das Vorgehen bei der Diagnostik von Erbkrankheiten besser nachvollziehen zu können, wird in diesem Teil zusätzlich der Vorgang der In-vitro-Fertilisation (IVF) beschrieben.

**2.2.1 Hormonstimulation der Frau sowie Eizellgewinnung**

Die Hormonstimulation ist der erste Schritt der IVF. Hierbei werden zuerst die Eierstöcke der Frau mit Hilfe von Hormontabletten stimuliert. Nach etwa zwei Wochen ist die benötigte Follikelgröße erreicht, sodass der Frau, in den meisten Fällen unter Narkose, durchschnittlich 12 gereifte Eizellen mit Hilfe der transvaginalen Follikelpunktion unter Ultraschallkontrolle entnommen werden. Dieser Eingriff birgt Risiken wie z.B. Infektionen oder Blutungen.

**2.2.2 Exkorporale Befruchtung**

Es gibt zwei Verfahren zur Befruchtung der Eizelle mit durch Masturbation gewonnenem Sperma, nachdem beide einer Untersuchung und Aufbereitung unterzogen worden sind. Eine Variante ist die konventionelle IVF. Dabei werden ca. 50.000

---


[2] Vgl.: Stockram, „Recht auf Nachwuchs", 2011
[3] Vgl.: Stockram, a.a.O, 2011
[4] Vgl.: Böcher, a.a.O., 2004, S. 19
[5] Vgl.: Deutsches Referenzzentrum für Ethik in den Biowissenschaften, „Retter-Geschwister"

Spermien pro Eizelle zu einem Nährmittel hinzugefügt.[6] Nach 15-20 Stunden wird durch eine mikroskopische Untersuchung der Befund festgestellt sowie befruchtete Eizellen mit mehr als einem Pronuklei auf Grund des hohen Fehlgeburtenrisikos aussortiert.[7] Der zweite und häufiger genutzte Weg ist die intrazytoplasmatische Spermatozoen-injektion (ICSI). Bei diesem Vorgang wird ein Spermium nach strenger Untersuchung immobilisiert und anschließend mit Hilfe einer Injektionspipette in das Zytoplasma der Eizelle injiziert.[8]

### 2.2.3 Kultivierung des Embryos

Die befruchtete, sich im Vorkernstadium befindende Eizelle wird auf ein frisches Kulturmedium gesetzt. Auf diesem reift sie so lange in einem Brutschrank, bis ihr Entwicklungsstadium einen Embryonaltransfer zulässt. Dieser Zustand ist nach einer durchschnittlichen Dauer von 48 Stunden erreicht.[9]

Falls die Frau unvorhergesehen erkranken sollte oder sich ein anderer Zwischenfall ereignet, werden die Embryonen in flüssigem Stickstoff bei einer Temperatur von -196°C zwischengelagert (kryokonserviert), sodass sie in einem späteren Zyklus eingesetzt werden können.[10]

### 2.2.4 Embryobiopsie

Bei den Embryobiopsien gibt es ebenfalls zwei verschiedene Methoden, die zu unterschiedlichen Zeitpunkten ausgeführt werden. Die Blastomerbiopsie wird in Deutschland am vierten Tag nach der Befruchtung durchgeführt, wenn mindestens das 8-Zell-Stadium erreicht ist. Dabei wird dem Embryo eine pluripotente Zelle, d.h. eine Zelle, die sich nicht mehr zu einem kompletten Organismus entwickeln kann, entnommen.[11] In anderen Ländern wird diese Form der Biopsie in einem früheren Stadium mit einer noch totipotenten Zelle, die sich zu einem kompletten Organismus entwickeln kann, angewandt, was jedoch schwerwiegende Folgen, wie Missbildungen, für den Embryo haben kann.[12]

---


[6] Vgl.: Böcher, a.a.O., 2004, S. 34,
    aus: Diedrich/Weiss/Felderbaum, in: Diedrich, „Weibliche Sterilität", S. 380 (396 ff.)
[7] Vgl.: Böcher, a.a.O., 2004, S. 34
[8] Vgl.: Böcher, a.a.O., 2004, S. 34,
    aus: Küpker/Al-Hasani/ Diedrich, in: Diedrich, „Weibliche Sterilität", S. 570 (572 ff.)
[9] Vgl.: Böcher, a.a.O., 2004, S. 35
[10] Vgl.: Böcher, a.a.O., 2004, S. 35
[11] Vgl.: Grob, „Präimplantationsdiagnostik (PID): Ablauf der Präimplantationsdiagnostik", 14.02.2013
[12] Vgl.: Biotechnologie.de, „PID: Debatte um Erbgutcheck bei Embryonen"

Die Blastozystenbiopsie setzt ein, wenn der Embryo ca. fünf bis sechs Tage nach der Befruchtung als Blastozyste gilt. Zu diesem Zeitpunkt besteht der Embryo aus der inneren Zellgruppe, dem Embryoblast, der im Laufe der Zeit zum Fötus heranwächst, und der äußeren Zellgruppe, dem Throphoblast, aus dem sich die Plazenta entwickelt.[13] Bei dieser Form der Biopsie können bis zu 10 Trophoblastzellen problemlos entnommen werden, was die Sicherheit der Diagnose erheblich steigert.[14]

### 2.2.5 Analyse der Embryonalzellen

Ebenfalls bei den Analysetechniken der einzelnen Zellen haben sich zwei Vorgehensweisen durchgesetzt. Eine davon ist die Polymerase-Kettenreaktion, die einen Nachweis für Veränderungen in der Abfolge der DNA-Bausteine liefert, die schwere Erkrankungen nach sich ziehen.[15] Mit Hilfe dieser Technik werden monogene Defekte, wie bspw. die Muskeldistrophie Deuchenne, erkannt.

Einen Nachweis für „numerische[n] oder strukturelle[n] Chromosomenaberrationen"[16] liefert die Fluoreszenz-in-situ-Hybridisierung (eng.: fluorescence in suit hybridization = FISH), indem spezifische DNA-Sequenzen mit Hilfe eines Fluoreszenzfarbstoffes markiert und unter Anregung mit UV-Licht zum Leuchten gebracht werden.[17] Auf diese Weise lassen sich Krankheiten wie das Down-Syndrom aber auch das Geschlecht des Embryos feststellen. Vor allem auf Grund ihrer schnellen und „sauberen" Durchführbarkeit hat diese Methode große Vorteile, jedoch ist die Gefahr einer Fehldiagnose sehr hoch. Diese kann durch die Untersuchung einer zweiten Zelle erheblich verringert, jedoch nicht vermieden werden.[18]

### 2.2.6 Transplantation des Embryos

In der Regel werden pro Behandlungszyklus ein oder mehrere Embryonen vier bis fünf Tage nach der Befruchtung in die Gebärmutter eingesetzt. Dieser Vorgang geschieht mit Hilfe eines Katheters, der transvaginal und transzervikal, also durch den Gebärmutterhals, eingeführt wird. Durch diesen werden ausgewählte Embryonen geleitet, wobei die Wahrscheinlichkeit einer Nidation, der Einnistung der befruchteten Eizelle in die Gebärmutterschleimhaut, bei 15% liegt. Die vom Embryonenschutzgesetz

---

[13] Vgl.: Bals-Pratsch/Dittrich/Frommel, „ Wandel in der Implementation des Deutschen Embryonenschutzgesetzes", 2010, S. 87-95
[14] Vgl.: Böcher, a.a.O., 2004, S. 36
[15] Vgl.: Biotechnologie.de, a.a.O.
[16] Böcher, a.a.O., 2004, S. 40
[17] Vgl.: Biotechnologie.de, a.a.O.
[18] Vgl.: Böcher, a.a.O., 2004, S. 40 f.

(ESchG) vorgegebene „Dreierregel" besagt, dass unter keinen Umständen mehr Eizellen entnommen werden dürfen, als die Gebärmutter pro Zyklus aufzunehmen in der Lage ist. Somit beschränkt sich die Zahl der zu transplantierenden Eizellen auf drei.[19]

Eine neue Form der Transplantation ist der „elective single embryo transfer" (eSET), bei der die Embryonen nach Untersuchungen in verschiedene Entwicklungsstufen eingeteilt und der Embryo pro Zyklus eingesetzt wird, der die höchste Nidationswahrscheinlichkeit besitzt.[20] Somit wird die Wahrscheinlichkeit einer Mehrlingsschwangerschaft ausgeschlossen.

## 2.3 Risiken und Fehldiagnosen

Die Risiken der PGD gleichen denen der IVF ohne PGD. Demnach liegt die größte Gefahr in einer Infektion der Gebärmutter sowohl bei der Eizellentnahme als auch dem Embryonentransfer. Der einzige Unterschied besteht darin, dass in 0,5-2% der Fälle durch die starke hormonelle Stimulation der Frau zur Eizellgewinnung ein Ausbruch des ovariellen Überstimulationssyndroms möglich ist. Dessen mögliche Folgen sind eine lebensbedrohliche Hämokonzentration mit Elektrolytverschiebung, Thrombosen sowie eine verschlechterte Nierenperfusion.[21]

Weitere Risiken bestehen darin, dass bei der exkorporalen Befruchtung die Wahrscheinlichkeit einer Mehrlingsschwangerschaft um ein Vielfaches höher ist als bei einer natürlichen Befruchtung. Dies liegt an der Einsetzung von mehreren Embryonen, um die Chancen auf eine Nidation zu steigern. Durch neue Verfahrensformen, wie der oben beschriebenen eSET, wird dies jedoch in den meisten Fällen ausgeschlossen. Außerdem führt eine Behandlung wie die PGD zu einer hohen physischen sowie psychischen Belastung der Eltern. Physisch durch die hormonellen und transvaginalen Behandlungen der Frau, psychisch durch den Druck, der aus der Entscheidung resultiert, bei einem positiven Befund Embryonen vernichten zu lassen. Dazu gehören ebenfalls Hoffnungen aber auch Ängste vor dem Ausgang der Behandlung.

Wegen der Komplexität des Verfahrens sowie der Tatsache, dass pro Embryo lediglich zwei Zellen für eine Diagnose zur Verfügung stehen, liegt die Wahrscheinlichkeit für

---

[19]Vgl.: Grob, „Präimplantationsdiagnostik (PID): Ablauf der Präimplantationsdiagnostik", 14.02.2013
[20]Vgl.: schw. Bundesamtes für Gesundheit, „Erläuterungen zur Änderung von Artikel 119 BV sowie des Fortpflanzungsmedizingesetzes (Präimplantationsdiagnostik)", 19.05.2011, S. 21
[21]Vgl.: Schmider, „Die Präimplantationsdiagnostik als Herausforderung für Medizin und Gesellschaft", 2010, S. 37 f.

eine Fehldiagnose bei ca. 5-10%.[22] Gründe dafür sind in den meisten Fällen Diagnosen, die keine Erbkrankheit feststellen, obwohl der Embryo ein Träger einer solchen ist. Diese Untersuchungsergebnisse nennt man „falsch negativ". Durch das „Allelic dropout", was die Untersuchung von nur einem statt beider Allele beschreibt, oder durch Verunreinigung mit Fremd-DNA können diese entstehen.[23] Außerdem können Fehldiagnosen auf Grund des Mosaizismus entstehen, was bedeutet, dass die verschiedenen Zellen des Embryos ein unterschiedliches Erbmaterial besitzen[24], was auf einen Fehler bei der Mitose zurück zu führen ist.[25]

Zur Überprüfung der Diagnose wird in den meisten Fällen zu einer Pränataldiagnostik geraten, damit das Risiko eines geschädigten Embryos weiter reduziert werden kann.

## 3 Rechtliche Rahmenbedingungen in Deutschland

Viele Jahre sind Politik, Medizin und Justiz davon ausgegangen, dass die PGD durch den § 1 Abs.1 Nr.2 des Embryonenschutzgesetzes (ESchG) verboten sei. Dieses besagt, dass „zu einem anderen Zweck künstlich zu befruchten, als eine Schwangerschaft der Frau herbei zu führen", verboten ist. Zudem droht im § 2 Abs.1 eine Freiheits- und oder Geldstrafe, falls ein Embryo „zu einem nicht seiner Erhaltung dienenden Zweck (...) verwendet" wird. Am 03.03.2000 wurde zum ersten Mal über eine Legalisierung der PGD in der Bundesärztekammer diskutiert und ist unter strengen Richtlinien befürwortet worden. Jedoch ist die Zustimmung nach einer Aussage von Herrmann Hepp verebbt, in der er das ESchG zu umgehen versuchte, wobei er die Sichtweise auf den Embryo nachteilig verstellte.[26] In den darauf folgenden Jahren wurden Versuche unternommen, das ESchG abzuändern, wie beispielsweise in der Stellungnahme der Deutschen Gesellschaft für Gynäkologie und Geburtshilfe. Da man noch immer davon ausging, dass die PGD durch das ESchG ausgeschlossen sei, wurde die PGD von dem am 31.06.2009 verabschiedeten Gendiagnostikgesetz ausgespart.[27]

Der Bundesgerichtshof beschloss am 06.07.2010 entgegen aller Erwartungen, dass die PGD nicht von dem ESchG ausgeschlossen wird, da deren Durchführung nicht strafrechtlich begründbar sowie das angestrebte Ziel eine gesunde Schwangerschaft

---

<sup></sup>[22]Vgl.: Murken, „Pränatale Diagnostik", in: Murken/ Grimm/Holinski-Feder, „Humangenetik", 2006
[23] Vgl.: schw. Bundesamtes für Gesundheit, a.a.O., 19.05.2011, S. 21
[24] Vgl.: Instituto Bernabeu, „Mosaizismus",
[25] Vgl.: schw. Bundesamtes für Gesundheit, a.a.O., 19.05.2011, S. 21
[26] Vgl.: Deutsches Ärzteblatt, „Diskussionsentwurf zu einer Richtlinie der Bundesärztekammer Präimplantaionsdiagnostik: Auftakt des öffentlichen Diskurses", 03.03.2000, S. A-505 ff.
[27] Vgl. Spieker aus: Hillhube/Gärditz/Spieker, „Die Würde des Embryos", 2012, S. 11 f.

sei.[28] So wurde am 07.07.2011 nach zwei großen Debatten mit 115 Stellungnahmen und Reden die Embryonenauswahl im Labor unter bestimmten Konditionen vom Bundestag legalisiert. Mit 326 Befürwortungen, 260 Gegenstimmen sowie 8 Enthaltungen stimmten die Abgeordneten mit einer absoluten Mehrheit für die Anfügung des neuen § 3a an das ESchG. Dieser erklärt die PGD für rechtmäßig, solange wegen genetischer Anlagen der Eltern „für deren Nachkommen das hohe Risiko einer schwerwiegenden Erbkrankheit" besteht, oder wenn aus anderen Gründen die „Wahrscheinlichkeit zu einer Tot- oder Fehlgeburt" sehr hoch ist.

Dabei wurde laut einiger Gegner der PGD jedoch die UN-Konvention vom 03.03.2008 nicht hinreichend berücksichtigt, da diese auf eine Gleichberechtigung behinderter Kinder bestehe.[29]

In seinem „Vorblatt zum Entwurf einer Verordnung über die rechtmäßige Durchführung einer Präimplantationsdiagnostik (Präimplantationsdiagnostikverordnung – PIDV)" hat der ehemalige Bundesgesundheitsminister Daniel Bahr am 11.07.2012 einen Verordnungsentwurf vorgelegt, welche die Anforderungen zur Zulassung von PGD durchführenden Zentren und Ärzten definieren sollte.[30] Nach einigen Abänderungen, die bspw. die Überprüfung einzelner PGD-Fälle durch Ethikkommissionen der einzelnen Bundesländer beinhalteten, wurde diese am 19.02.2013 vom Bundesrat bestätigt und trat am 01.01.2014 in Kraft.[31]

## 4 Nutzung der Präimplantationsdiagnostik

### 4.1 Legale Nutzung und Nachfrage der Präimplantationsdiagnostik in Deutschland

Wie bereits oben genannt, ist die PGD in Deutschland rechtlich eingeschränkt und steht unter Beobachtung durch die Ethikkommissionen der einzelnen Länder, die bei jedem Wunsch nach einer PGD individuelle Überprüfungen durchführen. Somit ist es Paaren mit einem humangenetisch diagnostizierbaren Risiko für bestimmte Erbkrankheiten möglich, den genetischen Status eines Embryos vor einer Implantation zu ermitteln.

---


[28] Vgl. Buermeyer, „Rechtsprechungsübersicht – BGH 5 StR 386/09 vom 06.07.2010"
[29] Vgl. Spieker aus: a.a.O., 2012, S. 28
[30] Vgl. Hillebrand/Lanzerath/Piro/Schmitz/Weiffen: „Präimplantationsdiagnostik", 2000
[31] Vgl. Hillebrand/Lanzerath/Piro/Schmitz/Weiffen: a.a.O., 2000

## 4.2 Möglichkeiten und Gefahren der Präimplantationsdiagnostik

Mit Hilfe der PGD ist es möglich, vor der Befruchtung das Geschlecht eines möglichen Embryos festzustellen. Dieser Vorgang nennt sich „geschlechtsselektive Fertilisation" und beinhaltet eine Untersuchung und anschließende Selektion von Spermien, die je nach Bedarf ein X-Chromosom oder Y-Chromosom enthalten, welche sich durch ihre Masse voneinander unterscheiden. Aus medizinischer Sicht wird diese Methode zur Vermeidung von X-chromosomal vererbbaren Krankheiten verwendet, jedoch kann sie auch zur Auswahl des Wunschgeschlechtes missbraucht werden.[32]

Die Embryonalforschung ist ebenfalls international umstritten und in Deutschland aus ethischen Gründen sowie nach § 2.1 des ESchG verboten. Denn diese betreibt bspw. die Keimbahnforschung, welche das Ziel der Entwicklung von neuen Therapie-möglichkeiten anvisiert. Diese beinhaltet z.B. den Spindeltransfer, wobei die genetisch defekten Mitochondrien einer Zelle durch Mitochondrien-Gene einer dritten Person ersetzt und somit die Schäden in der Körperzelle „repariert" werden.[33] Mit der PGD in Verbindung gebracht wird sie, da diese eine „gewisse Zahl an nicht-transferierten Embryonen hervorbringt: einerseits selektierte, zu verwerfende und andererseits überschüssige, gesunde Embryonen"[34], welche der Wissenschaft zu Forschungszwecken zur Verfügung gestellt werden könnten.

Die Erschaffung so genannter „Designerbabys" ist nach dem heutigen Stand der Technik und auch in naher Zukunft nicht möglich, da die PGD lediglich ein Testverfahren und somit nicht in der Lage ist, nach einer Vielzahl von Wunscheigenschaften für ein Kind zu sortieren bzw. zu selektieren.

## 5 Konflikt um ethische Grenzen

Spätestens seit der Debatte im Deutschen Bundestag 2011 über die Legalisierung der PGD gibt es auch in der Gesellschaft angeregte Diskussionen zu dem Thema. Um die unterschiedlichen Aspekte der Interessenvertreter deutlich zu machen, werden sie in einer Argumentation zusammengefasst sowie einander gegenübergestellt.

---

[32] Vgl.: Böcher, a.a.O., 2004, S. 48
[33] Vgl.: Müller-Jung, „Das Schicksal ist steuerbar", 25.10.2012
[34] Schmider, a.a.O., S. 110

Eines der stärksten Argumente der Gegner der PGD ist, dass die PGD nicht dafür sorge, „dass von vornherein kein Leben mit irgendwelchen (…) Defiziten entsteht"[35], sondern sie ermögliche lediglich eine Selektion im frühst möglichen Stadium. Für Befürworter ist dieses jedoch ebenfalls eines der stärksten Proargumente. Dieses Argument im Zusammenhang mit Ablehnung der PGD sei nicht vereinbar, sogar ein Wertungswiderspruch. Auf der einen Seite solle die Abtreibung nach einer PND vertretbar sein, auf der Anderen die Untersuchung in einem früheren Stadium, ohne die Frau mehr als nötig körperlich zu belasten, jedoch nicht. Durch die frühe Erkennung von Erbkrankheiten ist es möglich, den Eltern, die bereits Tot- oder Fehlgeburten erleiden mussten, vor sowohl seelischen als auch physischen Belastungen zu bewahren. Bei einer Abtreibung wären diese die Folgen, da der Embryo zu diesem Zeitpunkt bereits vaginal entbunden werden müsste und sich im Normalfall bereits eine emotionale Bindung zwischen Kind und Eltern entwickelt hat.[36] Der Mediziner und Bundestagsabgeordnete K. Lauterbach beurteilte die Situation so, dass bei einem Verbot der PGD ein Zwang zu einer Schwangerschaft auf Probe herrsche, was jedoch gegen das Selbstbestimmungsrecht verstoße. Zudem behauptet er, dass die PGD eher ein Mittel zur Reduzierung der Abtreibungen und somit eine Verhinderung von posttraumatischen Belastungsstörungen nach einer Abtreibung, wie bspw. das Post-Abortin-Syndrom, sei.[37]

Die Sorge vor gesunden, übriggebliebenen Embryonen, die bei einer PGD entstehen können und vernichtet werden müssten, stellt ebenfalls ein Argument der Gegner dar. Jedoch wird dies durch die Tatsache wiederlegt, dass solche Embryonen auch kryokonserviert und zu einem späteren Zeitpunkt eingesetzt sowie zur Adoption bzw. Fremdeinsetzung oder wissenschaftlichen Forschungszwecken freigegeben werden können.

In seinem Buch beschreibt der Sozialwissenschaftler und PGD-Gegner Manfred Spieker, dass unabhängig von seiner Lebenszeit und seinen Fertigkeiten jeder Embryo einen Würdeanspruch sowie Lebensrecht besäße.[38] Bei dieser Aussage besteht die Schwierigkeit der Definition eines lebenswerten Lebens, die gesetzlich nicht festgelegt ist. Dieser Aussage kann man die Behauptung des Nobelpreisträgers J. D. Watson

---

[35] Winkelmeyer-Becker, „Deutscher Bundestag", Plenarprotokoll 17/120, 07.07.2011, S. 13879
[36] Vgl.: Interview mit einem Facharzt, 16.02.2015
[37] Vgl.: Lauterbach, a.a.O., 07.07.2011, S. 13900
[38] Vgl.: Spieker, a.a.O., S. 11

gegenüberstellen, der behauptete, Kinder „deren Gene kein sinnvolles Leben zulassen, (…) sollten gar nicht erst geboren werden".[39]

Auch die Aussage Spiekers, dass Kinderlosigkeit keine Notlage sei und somit nicht im Geringsten die Tötung von Embryonen rechtfertige[40], kann entkräftet werden. Laut C. Reimann sowie U. von der Leyen habe der Gesetzgeber nicht das Recht, betroffenen Paaren eine PGD zu versagen, wo auch „anderes Leid nicht einfach (ertragen), sondern behandel[t] und therapier[t]"[41] würde, wobei eine fehlende Möglichkeit, gesunde Kinder zu zeugen, als Leiden definiert wird.

M. Spiewacks Äußerung, der „Qualitätscheck per Embryonalauswahl (…) [würde] potenzielles Leid ersparen – und den Krankenkassen Kosten"[42] ist eine klare Antwort auf die Anspielung von PGD-Gegnern auf die Kostspieligkeit der PGD. Denn eine solche Untersuchung kostet bestenfalls einmalig eine Geldsumme von ca. 5.000 € bis 10.000 €, wobei ein genauer Preis für jedes Paar individuell erstellt wird.[43] Eine finanzielle Förderung durch den Staat wäre ebenfalls begrenzt, da Experten mit wenigen hundert Patienten in Deutschland jährlich rechnen.[44] Allerdings benötigt ein Mensch mit Behinderung sein Leben lang sowohl medizinische Hilfsmittel als auch Betreuung. Gegner vertreten trotzdem die Meinung, dass diese Gelder für bereits lebende Menschen mit Behinderungen eingesetzt werden sollten.

Ein weiteres Schwerpunktargument von PGD-Gegnern ist die Schwächung der Gleichstellung Behinderter sowie ein Verstoß gegen das Diskriminierungsgesetz und Angst vor einer eugenischen Gesellschaft, da die Legalisierung der PGD an das „Gesetz zur Verhütung erbkranken Nachwuchses" aus dem Jahr 1933 erinnere, der Zeit der NAZI-Herrschaft.[45] Gegen diese Besorgnis sprechen die Tatsachen, dass sowohl in der Politik als auch in der Gesellschaft die Integration körperlich und/oder geistig eingeschränkter Personen stetig voranschreitet. Ein Beispiel dafür ist die Inklusion. Durch den gesellschaftlichen Wandel hin zur Weltoffenheit haben Menschen mit Behinderungen bald mehr Chancen als je zuvor. Laut der Leopoldina, die deutsche Akademie der Naturforscher, seien „negative Auswirkungen auf Integration und

---

[39] Watson, Interview mit der Süddeutschen Zeitung, Magazin vom 01.06.2001, S. 28 ff.

[40] Vgl.: Spieker, a.a.O., S. 17

[41] Reimann, „Plenarprotokoll 17/120", 07.07.2011, S. 13879; von der Leyen, a.a.O., S. 13909

[42] Spiewack, „Wie weit gehen wir für ein Kind?", 2002, S. 173

[43] Vgl.: Wittwer, „Präimplantationsdiagnostik: (k)ein Kind nach Maß?"

[44] Vgl. Abgeordnete des deutschen Bundestags, „Entwurf eines Gesetzes zur Regelung der Präimplantationsdiagnostik", 2001, S. 3

[45] Vgl.: Spieker, a.a.O., S. 30, S. 56

Unterstützung geborener Menschen mit erblichen Krankheiten von einer PID-Zulassung ebenso wenig zu erwarten, wie sie bisher durch die PND-Praxis eingetreten ist".[46] Die Ansicht der Leidenslinderung durch die PGD wird zusätzlich dadurch verstärkt, dass die Zahl der erblich bedingt genetischen Behinderten im Jahr 2011 bei etwa 5% aller 7,3 Millionen schwerbehinderten Menschen in Deutschland lag. Die Übrigen erlangten ihre Einschränkungen hauptsächlich durch Unfälle und Erkrankungen in ihrem späteren Leben.[47] Ziel der PGD ist nicht die Behindertenrate zu senken, sondern den betroffenen Eltern das Leid eines behinderten Kindes zu ersparen, welches eine sehr geringe Überlebenschance unter schweren Bedingungen hätte.

Um ihre Ansicht des zu hohen materiellen Preises sowie der mit 20% niedrigen Erfolgsrate der PGD zu veranschaulichen deuten ihre Gegner des Öfteren auf die Auswertung der Bundesvereinigung der Reproduktionsmediziner (ESHRE) über die Anwendungszahlen der PGD des Jahres 2007 in den weltweit zu dem Zeitpunkt 57 PGD Zentren hin. In ihrem Bericht sind 5.887 Zyklen, in denen 68.568 Eizellen entnommen worden sind, protokolliert. Von den daraus entstandenen 40.713 Embryonen sind bei 31.520 erfolgreich Zellen zur PGD entnommen worden und 10.084 nach der Biopsie als nutzbar eingestuft worden. 1.386 dieser Embryonen sind kryokonserviert worden. Weitere 7.183 Embryonen sind in eine Gebärmutter transferiert worden, von denen 1.609 zu Schwangerschaften geführt haben. Daraufhin sind in 977 Geburten 1.206 Kinder zur Welt gekommen. Der Verbleib von 1.515 einsetzungsfähiger Embryonen ist nicht angegeben. Aus den 39.507 verworfenen Embryonen, die ca. 97% der entstandenen Embryonen darstellten, entstehe eine Rate von knapp 1:33 Embryonen.[48] Um diese Selektionsrate zu revidieren ist beizufügen, dass auch bei natürlichen Schwangerschaften über 50% der frühen Schwangerschaften absterben.[49] Außerdem ist bekannt, dass Patienten der IVF in der Regel mehr Probleme haben, eine Schwangerschaft einzurichten und eine verhältnismäßig größere Anzahl von Fehl- oder Totgeburten erleiden. Allein das erhöht die Rate der zu „produzierenden" Embryonen zur tatsächlichen Geburtsrate.

Hinzuzufügen ist, dass die Gegner der PGD in ihrer Legalisierung einen Verstoß gegen die ersten drei Artikel des Grundgesetzes sehen: die Gewährleistung der

---


[46] Leopoldina, „Ad-hoc-Stellungnahme zur Präimplantationsdiagnostik (PID)", Januar 2011, S. 25

[47] Vgl.: statista.de, „Verteilung der Ursachen von Schwerbehinderungen", 2011

[48] Vgl.: Goossens, "ESHRE PGD consortium data collection IX: cycles from January to October 2007", 2009 und Harper, "ESHRE PGD consortium data collection X: cycles from January to December 2007 with pregnancy follow-up to October 2007", 2010

[49] Vgl.: Interview mit einem Facharzt, 16.02.2015

Menschenwürde (Art.1 Abs.1), dem Lebensrecht (Art.2 Abs.2) und dem Diskriminierungsverbot Behinderter (Art.3 Abs.3).[50] Gegen diese Aussage spricht jedoch, dass viele der durch die PGD erschaffenen Embryonen bereits nach einer längeren Zeit der Kultivierung in der Petrischale oder nach einer Nidation absterben würden.[51] Zudem ist die Tötung eines Embryos erst nach der letztendlichen Einnistung in die Gebärmutter nach den Abtreibungsparagraphen (StGB §§ 218 und 219) strafbar. Die restlichen genannten Punkte, wie die Diskriminierung Behinderter, lassen sich durch die vorhergegangene Argumentation entkräften.

## 6 Fazit

Diese Arbeit zeigt, dass die Argumente sowohl für, als auch gegen eine weitere Technisierung der menschlichen Fortpflanzung ausgewogen sind. Somit liegt die Entscheidung bei jedem selbst, die PGD als Fortschritt zu werten, oder eben nicht. Diese Entscheidung ist abhängig von der Wertevorstellung jedes Einzelnen.

Ich vertrete die Ansicht, dass die PGD unter strenger Beobachtung und bestimmter Auflagen für Hochrisiko-Paare eine tolle Möglichkeit ist, ein eigenes gesundes Kind zu bekommen. Natürlich wird auch ein Kind mit körperlicher oder geistiger Behinderung von Herzen geliebt und mit allen möglichen Mitteln unterstützt. Außer Frage steht, dass sich alle Eltern das Beste für ihre Kinder und nicht für sich wünschen. Ansonsten wären die betroffenen Paare auch nicht dazu bereit, eine dermaßen große physische, psychische sowie kostenintensive Behandlung über sich ergehen zu lassen. Es ist wahrscheinlich, dass grad solche Paare, die bereits ein Kind mit Behinderungen haben, sich für eine PGD entscheiden, da diese den Preis kennen, das eigene Kind leiden zu sehen. Für Personen, die nicht persönlich betroffen sind, ist es demnach nur begrenzt möglich, eine solche Situation vollkommen nach zu vollziehen. Aus ethischer Sicht ist es meiner Meinung nach zudem weniger bedenklich eine künstlich befruchtete Eizelle zu vernichten, wenn sie nicht sogar von selbst während der Kultivierung absterben sollte, als einen bereits entwickelten Organismus in Form eines Embryos abzutreiben, selbst wenn dessen Lebenserwartung ohnehin gering ist.

Somit halte ich die PGD für einen begrüßenswerten Fortschritt der Menschlichen Fortpflanzung, der dazu beiträgt, das Leid einiger Menschen zu verringern.

---

[50] Vgl.: Spieker, a.a.O., S. 20
[51] Vgl.: Interview mit einem Facharzt, 16.02.2015

# 7 Quellenangaben

## 7.1 Literaturverzeichnis

[1] Abgeordnete des deutschen Bundestags in: Entwurf eines Gesetzes zur Regelung der Präimplantationsdiagnostik (Präimplantationsdiagnostikgesetz – PräimpG). (bestätigter Gesetzesentwurf) aus: Deutscher Bundestag Drucksache 17/5451, Berlin 12.04.2011, 17. Wahlperiode (siehe PDF-Quelle 7)

[2] Bals-Pratsch, Monika/Dittrich, R./Frommel, M. in: Wandel in der Implementation des Deutschen Embryonenschutzgesetzes; Gablitz 2010, Auflage 7 (2). aus: Journal für Reproduktionsmedizin und Endokrinologie, S. 87-95

[3] Böcher, Urs Peter in: Präimplantationsdiagnostik und Embryonenschutz – Zu den Problemen der strafrechtlichen Regelung eines neuen medizinischen Verfahrens; 1. Auflage, Göttingen 2004, aus der Reihe: Medizin - Ethik – Recht, Vandenhoeck & Ruprecht

[4] Deutsches Ärzteblatt in: Diskussionsentwurf zu einer Richtlinie der Bundesärztekammer Präimplantationsdiagnostik: Auftakt des öffentlichen Diskurses. Köln 03.03.2000, 97 Heft 9, S. A-505 ff.

[5] Goossens, Vincent in: ESHRE PGD consortium data collection IX: cycles from January to October 2007. Oxford 2009, erschienen in Human Reproduction, vol. 24 (2009), Nr. 8, S. 1768-1810

[6] Harper, Joyce C. in: ESHRE PGD consortium data collection X: cycles from January to December 2007 with pregnancy follow-up to October 2007. Oxford 2010, erschienen in Human Reproduction, vol. 25 (2010), Nr. 11, S. 2687-2707

[7] Lauterbach, Karl (Deutscher Bundestag) in: Plenarprotokoll 17/120. 07.07.2011, S. 13900 (siehe PDF-Quelle 5)

[8] Leopoldina in: Ad-hoc-Stellungnahme zur Präimplantationsdiagnostik (PID) – Auswirkungen einer begrenzten Zulassung in Deutschland. 2., korrigierte Auflage, Berlin Januar 2011, S. 25, gedruckt von der H. Heenemann GmbH & Co. KG, Berlin (siehe PDF-Quelle 6)

[9] Murken, Jan Diether in: Pränatale Diagnostik. aus: Murken, Jan Diether/Grimm, Tiemo/Holinski-Feder, Elke Taschenbuchlehre – Humangenetik. 7. Auflage, Stuttgart 2006, Thieme

[10] Propping, Peter in: Lexikon der Bioethik. hg. von Korff/Beck/Mikat, Bd. 2, Gütersloh 1998, S. 246, Verlagshaus

[11] Schmider, Anneke in der Dissertation: Die Präimplantationsdiagnostik als Herausforderung für Medizin und Gesellschaft - Eine ethische Analyse. Freiburg 2010, S. 37f., 110 (siehe PDF-Quelle 3)

[12] Spiewack, Martin in: Wie weit gehen wir für ein Kind?. – Im Labyrinth der Fortpflanzungsmedizin. Frankfurt am Main 2002, S. 173, Eichborn AG

[13] Schweizerisches Bundesamtes für Gesundheit in: Erläuterungen zur Änderung von Artikel 119 BV sowie des Fortpflanzungsmedizingesetzes (Präimplantations-diagnostik). o.O. 19.05.2011, S. 21 (siehe PDF-Quelle 2)

[14] Reimann, Carola (Deutscher Bundestag) in: Plenarprotokoll 17/120. Berlin 07.07.2011, S. 13879 (siehe PDF-Quelle 5)

[15] Spieker, Manfred aus: Hillhuber, Christian/Gärditz, Klaus Ferdinand/Spieker, Manfred, Die Würde des Embryos - Ethische und rechtliche Probleme der Präimplantationsdiagnostik und der embryonalen Stammzellforschung. Veröffent-lichungen der Joseph-Höffner-Gesellschaft, o.O. 2012, S. 11 f., Ferdinand Schöningh

[16] Von der Leyen, Ursula (Deutscher Bundestag) in: Plenarprotokoll 17/120. Berlin 07.07.2011, S. 13909 (siehe PDF-Quelle 5)

[17] Watson, James in einem Interview mit der Süddeutschen Zeitung, Magazin vom 01.06.2001 (München), S. 28 ff.

**7.2 Internetquellen**

[18] Biotechnologie.de in: PID: Debatte um Erbgutcheck bei Embryonen http://www.biotechnologie.de/BIO/Navigation/DE/Hintergrund/themendossiers,did=12 7900.html?view=renderPrint [15.02.2015] (siehe Bildquelle 3)

[19] Buermeyer, Ulf bearbeitete: Rechtsprechungsübersicht – BGH 5 StR 386/09 vom 06.07.2010. Internetseite des hrr Strafrechts
http://www.hrr-strafrecht.de/hrr/5/09/5-386-09.php [17.02.2015] (siehe PDF-Quelle 4)

[20] Deutsches Referenzzentrum für Ethik in den Biowissenschaften in: Retter-Geschwister – („Savior Siblings"); Internetseite des deutsches Referenzzentrum für Ethik in den Biowissenschaften
http://www.drze.de/im-blickpunkt/pid/module/retter-geschwister-saviour-siblings [24.2.2015] (siehe Bildquelle 1)

[21] Grob, Carolin in: Präimplantationsdiagnostik (PID): Ablauf der Präimplantationsdiagnostik. 14.02.2013, Internetseite der Onmeda
http://www.onmeda.de/behandlung/praeimplantationsdiagnostik_pid-ablauf-der-praeimplantationsdiagnostik-17121-3.html [15.02.2015] (siehe Bildquelle 2)

[22] Hillebrand/Lanzerath/Piro/Schmitz/Weiffen in: Präimplantationsdiagnostik. 2000, Internetseite des Deutsches Referenzzentrum für Ethik in den Biowissenschaften http://www.drze.de/im-blickpunkt/pid/rechtliche-aspekte [07.02.2015] (siehe Bildquelle 4)

[23] Istituto Bernabeu – Reproductive Medicine in: Definition des Begriffs Mosaizismus. Internetseite des Instituto Bernabeu
http://www.institutobernabeu.com/de/11-1-1/diccionario/1759/mosaizismus/ [16.02.2015] (siehe Bildquelle 5)

[24] Müller-Jung, Joachim in: Gelungene Keimbahn–Manipulation - Das Schicksal ist steuerbar. 25.10.2012, von der Internetseite der Frankfurter Allgemeinen http://www.faz.net/aktuell/feuilleton/gelungene-keimbahn-manipulation-das-schicksal-ist-steuerbar-11938216.html [20.02.2015] (siehe Bildquelle 6)

[25] statista.de in: Verteilung der Ursachen von Schwerbehinderungen* in Deutschland nach Art der Behinderung im Jahr 2011
http://de.statista.com/statistik/daten/studie/246342/umfrage/verteilung-der-ursachen-von-schwerbehinderungen-nach-art-der-behinderung/ [27.02.2015] (siehe Bildquellen 8 und 9)

[26] Stockram, Sven in: Zulassung der PID - Recht auf Nachwuchs gestärkt. Zeit-Online, 07.07.2011

http://www.zeit.de/wissen/gesundheit/2011-07/pid-zulassung-kommentar [06.02.2015]

(siehe PDF-Quelle 1)

[27] Wittwer, Kathrin in: Präimplantationsdiagnostik: (k)ein Kind nach Maß?. 2012,
Internetseite der urbia

http://www.urbia.de/magazin/kinderwunsch/kinderwunsch-
medizin/praeimplantationsdiagnostik-kein-kind-nach-mass [24.02.2015]

(siehe Bildquelle 7)

## 7.3 Interview

Dieses Interview habe ich mit einem Mediziner mit dem Fachbereich Gynäkologie
geführt, der jedoch anonym bleiben möchte.

1. Einige bezeichnen die PGD als eine medizinische Diagnose zur „Leidenslinderung
   sowie Vermehrung von Glück", andere als eine „Tötung Unschuldiger". Wie stehen
   Sie dazu?

   > *„Beide Aussagen polarisieren viel zu stark. Im konkreten Fall einer schweren bereits
   > nachgewiesenen Genstörung haben die Patienten oft schon viel Leid erlebt, was
   > „gesunde Menschen" schlicht weg nicht nachvollziehbar ist. Dazu gehören oft multiple
   > Fehlgeburten in der Frühschwangerschaft, der intrauterine Fruchttod im späten
   > Schwangerschaftsdrittel, schwerstkranke Neugeborene mit der Aussicht auf jahrelange
   > Pflege und in der Vergangenheit begleitende schwere Erkrankungen nächster
   > Familienangehöriger etc.. Als Nichtbetroffener lässt sich dieses Leid nur ansatzweise
   > erahnen.*

   > *Im konkreten Fall kann die PDI sehr wohl das Leid von Familien lindern. Als Beispiel:
   > Eine Familie hat ein hohes Risiko für eine numerische Chromosomenaberration. Diese
   > wird durch eine Fruchtwasseruntersuchung in der 15. SSW festgestellt. Die Patientin
   > entschließt sich daraufhin zum Schwangerschaftsabbruch. In diesem Fall muss die
   > Schwangere durch Geburtseinleitung vaginal entbinden und die Gebärmutter im
   > Anschluss durch eine Ausschabung gesäubert werden. Dieses Szenario bedeutet ein
   > stetiges Hoffen während der Schwangerschaft, ein invasiver Eingriff durch die Punktion
   > (mit einem Risiko von 0,5% auch ein möglicherweise gesundes Kind zu verlieren), die
   > psychische Belastung einer Chromosomstörung, dann die stationäre Aufnahme und
   > Geburtseinleitung über Tage, die Geburt (genauso schmerzhaft, wie eine „normale"
   > Geburt) mit Narkose und OP (inclusive aller OP/Narkose Risiken). Danach folgen die
   > psychische Verarbeitung des Erlebten / der Entscheidung zum Abbruch und der
   > Umgang mit Familie / Freunden/ Arbeitskollegen, die oft nicht über die Gründe des
   > Krankenhausaufenthaltes Bescheid wissen. Bei einer durchgeführten PID kann dieses
   > „Leid" der Patientin erspart bleiben. Das Resultat für die Schwangerschaft bleibt unter
   > dem Strich das Gleiche. "*

2. Vermutlich haben auch Sie im Jahr 2011 die Debatten im Deutschen Bundestag
   verfolgt, bevor die Präimplantationsdiagnostik legalisiert worden ist. Wie hätten Sie

als Abgeordneter gestimmt, wenn Sie die Möglichkeit zur Mitbestimmung gehabt hätten und warum?

*„Ich hätte für eine Einführung der PID gestimmt." (Siehe Argumentation Punkt 1)*

3. Teilen Sie die Ansicht, dass die Legalisierung der PGD eine Diskriminierung geistig und oder körperlich eingeschränkter Personen ist und somit die gesellschaftlichen Verhältnisse negativ beeinträchtigt?

*„Nein."*

4. In dem Zeitraum von 2001 bis 2009 sind weltweit 161.644 Embryonen mit Hilfe der IVF erstellt worden. 28.761 davon wurden als „nicht beeinträchtigt" eingestuft. 5.135 Geburten sind erfolgreich verlaufen. Wie stehen Sie zu dieser Selektionsrate? Ist Ihnen persönlich der Preis für ein gesundes Leben, dafür aber ca. 33 „eingeschränkte" zu nehmen, zu hoch?

*„Zu den genauen Zahlen fehlen mir noch folgende Angaben: sind die restlichen Embryonen der 28.761 noch eingefroren? Wie hoch war die Fehlgeburtenrate? Ohne diese Angaben lässt sich die provokative Darstellung von 1:33 nicht halten.*

*Die dargestellte Selektionsrate übernimmt die Natur im Körper der „normalen" Schwangeren genauso. Über 50% der frühen Schwangerschaften sterben ab. Da macht es in der IVF nur Sinn die mikroskopisch „besten" Embryonen einzusetzen. Dieses wird nach mikroskopischen und nicht nach genetischen Gesichtspunkten entschieden. Im Ausland dürfen Embryonen länger als 48 h kultiviert werden. Hierdurch wird eine bessere Selektion erzielt, da ein Embryo ggf. nach 50 h abgestorben ist, in Deutschland jedoch einer Schwangeren implantiert, was zu einem Abort führen würde.*

*Zusammengefasst sehe ich die oben formulierte These sehr kritisch, da sie beim näheren Betrachten der Fakten nicht zu halten ist. Leider funktioniert die IVF über die Masse von hergestellten Embryonen, wie die Natur selbst auch eine hohe Auslese in der „normalen" Schwangerschaft betreibt."*

5. Wenn die Wahrscheinlichkeit bei Ihnen selbst sehr hoch wäre, dass ein von Ihnen gezeugtes Kind an beispielsweise Chorea Huntington erkranken könnte, würden Sie eine PGD durchführen lassen?

*„Ja."*